새싹 집사가 될 거야

새싹 집사가 될 거야

셀린느 지음 · 김자연 옮김

이덴슬리벨

목
차

• 실전 발아 시트 •

새싹 집사 시작하기

우리 주변에 있는 과일과 채소는 대부분 새로운 식물을 만들어
낼 수 있는 씨를 품고 있죠. 자연이 준 이 선물을 가지고 식물을
키워서 집안을 아름답게 꾸며보아요.

발아의 원리

우리는 과일이나 채소를 먹을 때 씨를 빼고 먹습니다. 씨들
은 대개 쓰레기통이나 퇴비 더미 속으로 직행하죠.
이 책에서는 우리가 쓰레기라고 여기는 과일이나 채소의
씨앗에 관심을 기울여 보려고 합니다. 모든 과일과 채소에
는 씨가 있습니다. 아보카도처럼 씨가 아주 잘 보이기도 하
고, 망고처럼 씨를 애써 찾아내야 하는 경우도 있죠. 이 책
을 보면서 씨를 찾고 빼내서 발아시키는 방법들을 배울 수
있습니다! 씨에서 새싹이 나오게 하는 방법을 자세히 설명
해 드릴게요. 하지만 즐기면서, 경험해 보면서 배워야 한다
는 사실을 잊지 마세요!

왜 내가 먹은 과일이나 채소의 씨로 새싹을 키우나요?

이 책을 보고 있는 당신은 '식물 중독자'가 틀림없습니다.
자부심 가득한 모든 실내 식물 애호가들처럼 새로운 종류
의 식물을 더하여 나만의 식물 컬렉션을 확장해 봅시다. 비
용을 별로 들이지 않고 한다면 훨씬 더 좋겠죠! 바로 이 책
에서 그렇게 해볼 겁니다.

여러분이 먹은 과일과 채소를 이용해서 예쁜 실내 식물을 만들어 보는 겁니다. 비용을 들이지 않고 식물을 키울 수 있다는 얘기죠! 게다가 가족과 함께 할 수 있는 활동이기도 합니다. 아이들에게 식물이 자라는 것, 식물을 가꾸고 물 주는 과정을 보여줄 수 있습니다. 이 작은 식물들에서 열매가 열리진 않겠지만 분명 실내를 더 아름답게 꾸며줄 겁니다.

우리는 모두 지구를 지키려는 노력을 합니다. 제로 웨이스트는 모두의 화두에 오르고 있어요. 여러분도 여러분이 먹은 과일이나 채소의 씨로 싹을 틔우면서 이 아름다운 운동에 동참하게 되는 겁니다!

성공의 조건

어떤 과일을 선택해야 할까요?

신선한 과일을 선택하세요. 통조림 과일의 씨에서는 새싹이 나오지 않습니다. 잘 익은 제철 과일을 사용하도록 하세요. 142~143쪽에 나와 있는 제철 과일 달력을 참고하면 좋습니다.

성공 확률을 높이기 위해서는 유기농 과일을 사용하는 것을 권장합니다. 가게에서 샀든 직접 수확했든 유기농 과일은 살충제나 화학제품 없이 재배됐습니다. 그리고 유기농 과일들은 대부분 제철 과일이고 완전히 무르익었을 때 딴 것들입니다. 트럭이나 냉장고 안이 아닌 나무 위에서 익은 열매죠. 그래서 새싹이 나오게 하기가 훨씬 더 쉽습니다.

발아 전 준비과정

발아가 잘 되게 하려면 몇 가지 규칙을 지키는 게 중요합니다.

첫 번째 규칙은 씨가 다치지 않도록 과일을 잘 자르는 것입니다. 깨끗한 칼을 사용하세요.

씨는 잘 씻어서 씨에 남아있을 수 있는 과육들을 제거해야 합니다. 발아하는 동안 과육이 부패하여 발아를 방해할 수 있습니다.

과즙이 많은 과일의 씨를 빼낼 때는 물이 담긴 그릇 안에 과일을 넣고 물속에서 씨를 제거해 주세요. 그렇게 하면 과즙이 사방으로 튀는 것을 막을 수 있고 동시에 씨도 깨끗이 세척할 수 있습니다.

발아 방법

. . . .

씨는 여러 방법으로 발아시킬 수 있습니다. 일반적으로 모든 방법이 다 효과가 있습니다. 발아 속도가 더 빠른 방법도 있고, 특정 과일들에 더 적합한 방법도 있습니다.

물 적신 키친타월로 발아시키기

가장 빨리 효과를 볼 수 있는 방법입니다.

1   키친타월 두 장으로 씨를 감싸 주세요. 작은 씨들을 발아시킬 경우, 뿌리가 서로 얽히지 않도록 몇 센티미터 간격을 두고 놓으세요. 키친타월을 물에 적십니다.

2

키친타월에 씨를 넣고 말아준 다음, 유리병이나 비닐봉지에 넣고 밀봉합니다.

3   밀봉한 씨를 따뜻하고 어두운 곳에 둡니다.

그다음에는?

키친타월을 항상 축축한 상태로 유지하는
것이 중요합니다. 자주 살펴보고 필요한 경우
다시 물로 적셔 주세요. 키친타월이 갈색으로 변
하기 시작했다면, 씨가 썩지 않도록 키친타월을
교체해 주세요. 작은 새싹이나, 뿌리가 몇 센티
미터 정도 나오면, 어떤 씨는 물속에서 발아
를 계속해야 하고, 어떤 씨는 흙에 바
로 심어도 됩니다.

물속에서 발아시키기

이 방법은 아보카도나 망고 같이 씨가 큰 과일에만 가능한 방법입니다. 키친타월 발아 방법을 이용하지 않고 이 방법을 쓴다면 속도가 정말 느립니다. 그래서 저는 이 방법을 첫 번째 방법을 보완하는 식으로 주로 씁니다.

1 나무 꼬치, 마스킹 테이프로 만든 그물 또는 발아컵(23쪽 참조)을 이용해서 씨 아랫부분이 물속에 잠기도록 놓습니다. 물이 녹색이 되지 않게 자주 살펴보며 물을 갈아 주세요. 물이 녹색으로 변하게 되면 씨가 썩을 수도 있고, 그렇게 되면 여러분의 새싹 키우기 경험도 끝이 난답니다.

2 작고 예쁜 초록색 새싹이 나왔다면, 씨를 흙에 심어도 됩니다. 씨가 물에 익숙해진 상태이니, 흙에다가 옮겨 심은 뒤 처음 며칠간은 물을 자주 줘서 습한 환경을 유지해 주세요.

흙에서 발아시키기

이 방법은 가장 자연스러운 방법입니다. 과일이 나무에서 떨어지고 나면 씨는 과일나무 아래 흙 속에서 발아하기 때문이죠. 하지만 이 방법은 시간이 아주 오래 걸립니다. 그래서 저는 씨를 발아시킨 다음 흙에 심을 것을 권합니다. 아래의 설명은 미리 발아시키지 않았을 경우에 해당하는 방법입니다.

1 씨를 흙 위에 몇 센티미터 간격으로 둡니다. 씨가 크거나 화분이 작다면 화분 하나에 씨를 하나만 심으세요. 그렇지 않으면 너무 이른 시기에 씨를 다른 화분으로 옮겨야 할 수도 있습니다.

2 씨 위에 흙을 1~2 센티미터 두께로 덮어 줍니다.

3 소형 분무기로 흙을 축축하게 적셔 줍니다. 이렇게 하면 씨가 물에 잠기지 않으면서 흙도 축축하게 할 수 있습니다.

4 비닐 랩으로 화분을 팽팽하게 감싼 뒤, 흙이 숨 쉴 수 있도록 구멍을 몇 개 뚫어 줍니다.

5 새싹이 나올 때까지 흙이 축축한 상태로 유지되는지 확인해 주세요.

노천 매장

노천 매장은 과일이 나무에서 떨어졌을 때 자연에서 일어나는 일을 재현하는 것을 말합니다. 나무에서 떨어진 과일의 씨는 곧바로 발아하지 않는데, 이것을 휴면상태라고 합니다. 추운 겨울 내내 나무 아래에 잠들어 있다가 따뜻한 봄이 돼서야 씨가 발아하기 시작하는데, 이것을 휴면 타파라고 합니다.

몇몇 핵과의 씨 같은 경우에는 이 기술을 두 가지 방법으로 재현해 볼 수 있습니다.

- (10쪽에서 설명한 대로) 물 적신 키친타월 안에 씨를 놓되, 따뜻하고 습한 장소에 두지 말고 종자에 따라 4~8주 정도 냉장고에 보관해 줍니다. 그런 다음, 발아시킬 씨를 (물에 젖은 키친타월 안에 둔 채로) 따뜻한 장소에 둡니다. 약 3주 후면 발아가 시작됩니다.

- 만약 씨를 가을에 받았다면, 자연에서처럼 키워볼 수 있습니다. 화분 속 흙에 씨를 심고 겨울 동안 화분을 바깥에 둡니다. 봄이 되면 씨가 발아하기 시작합니다. 가끔씩 흙을 들춰서 뿌리가 나왔는지 확인해 봐도 됩니다. 뿌리가 몇 센티미터 정도 나왔다면 16~17쪽에 설명하는 대로 좋은 흙과 하이드로볼을 넣은 화분에 옮겨 심으면 됩니다.

화분에 심기

뿌리가 몇 센티미터 자라났거나 작은 초록색 잎이 나왔다면 씨를 흙에 심어도 됩니다. 화분 옮겨심기에 필요한 준비물은 다음과 같습니다.

여러분의 어린 식물이 필요한 만큼 다 자랄 수 있도록 너무 작은 화분은 쓰지 마세요. 파종용 부식토를 고르세요. 부식토에는 식물이 성장하는데 필요한 것들이 이미 들어 있습니다. 흙이 곱고 가벼우며 배수가 잘 되고, 박테리아 증식을 막기 위해 대부분 저온살균을 거쳤습니다.

- 재료: 배수구가 있는 화분과 화분 받침, 파종용 부식토, 하이드로볼, 티스푼.

1 씨는 반드시 배수구와 받침이 있는 화분에 심어야 합니다. 배수구가 없는 화분은 예쁘지 않은 화분을 꾸미기 위한 장식용 화분입니다. 테라코타 화분을 처음으로 사용한다면, 화분을 물에 48시간 동안 담가놓으세요. 그렇게 하면 화분이 물을 가득 머금게 되고, 온도 변화에 덜 민감하게 됩니다.

2 화분 바닥에 하이드로볼을 한 층 정도 깔아 줍니다. 하이드로볼은 흙 아랫부분의 원활한 배수를 도와줍니다. 물이 고이면 뿌리가 썩어서 식물이 죽을 수도 있는데 하이드로볼은 물이 화분 바닥에 고이는 걸 막아 줍니다.

3

화분의 4분의 3정도를 흙으로 채웁니다.

4

흙 속에 손가락 한 마디 정도 깊이의 구멍을 만듭니다. 적당한 도구가 없다면 스푼 손잡이를 사용하면 됩니다. 발아된 씨를 구멍 안에 조심스럽게 넣어 주고 흙으로 구멍을 가볍게 채우듯이 덮어 줍니다.

5 씨에서 새싹이 벌써 나왔다면, 새싹이 흙 위로 올라오도록 두
   고 식물이 다치지 않게 주의하면서 구멍을 채웁니다. 흙을 살
   짝 눌러준 다음 물을 주세요. 비닐 랩으로 화분을 감싼 뒤, 구
   멍을 몇 개 뚫어 줍니다. 잎이 더 나오면 랩을 걷고 미니 온실
   (24쪽 참조)을 씌워 줍니다. 뿌리가 화분 배수구 밖으로 나온다
   면, 분갈이를 해줘야 한다는 신호입니다.

식물에게 필요한 것들

물 주기

모든 식물이 똑같은 양의 물을 필요로 하지는 않습니다. 하지만 식물이 보내는 신호들을 바로 알아차릴 수 있어야 합니다.

식물이 목마를 때에는 잎이 슬퍼 보이고, 아래쪽으로 기울어집니다. 마실 것을 주세요. 단 몇 분 만에 잎들이 다시 기운찬 모습을 보일 겁니다.

식물에 물을 줘야하는지 알 수 있는 가장 좋은 방법은 흙을 관찰하는 겁니다. 표면에 있는 흙을 봐도 되지만, 흙 속에 손가락을 넣고 흙이 말랐는지 확인하는 게 가장 좋습니다. 일반적으로는 저면 관수가 물주기에 가장 좋은 방법입니다. 식물을 많이 기르고 있는 경우에는 힘들 수도 있습니다. 저면 관수는 화분 아랫부분을 물속에 45분~1시간가량 담가두는 방법입니다. 저면 관수는 식물이 자신에게 필요한 물을 얻으면서도 흙이 너무 축축해지지 않도록 해줍니다. 흙이 너무 축축하면 귀찮은 뿌리파리들이 생길 수도 있습니다.

식물에게는 비석회질의 물을 주는 것이 가장 이상적입니다. 빗물이나 물통형 정수기로 거른 물을 사용해도 됩니다. 물은 되도록 오후 늦게나 초저녁에 주는 것이 좋습니다. 정오에 물을 주면, 잎에 남은 물방울이 돋보기 효과를 일으켜서 식물을 타게 만들 수도 있습니다.

햇빛 쐬기

물주기와 마찬가지로, 식물에게 필요한 빛의 양도 빨리 알아채야 합니다. 모든 식물에게 동일한 빛의 양이 필요하지는 않기 때문이죠. 같은 특징을 가진 식물들을 장소별로 구분해서 두세요. 예를 들어, 습기를 좋아하고 햇빛을 싫어하는 식물들은 욕실에 모아두는 겁니다.

발아시킬 씨들과 발아된 작은 식물들은 창가에 두는 게 좋습니다. 저는 제 '식물 산부인과'를 북쪽으로 나 있는 부엌 창문 옆에 두었습니다. 그래서 식물들은 햇빛을 많이 받지만 직사광선은 받지 않습니다. 식물에 따라서는 직사광선이 새싹을 마르게 할 수도 있습니다.

실내에 햇빛이 충분히 들지 않는다면 전문 매장에서 살 수 있는 식물등을 구입하면 됩니다. 인공 불빛이 식물이 광합성 하는 데 필요한 빛을 제공해 줍니다.

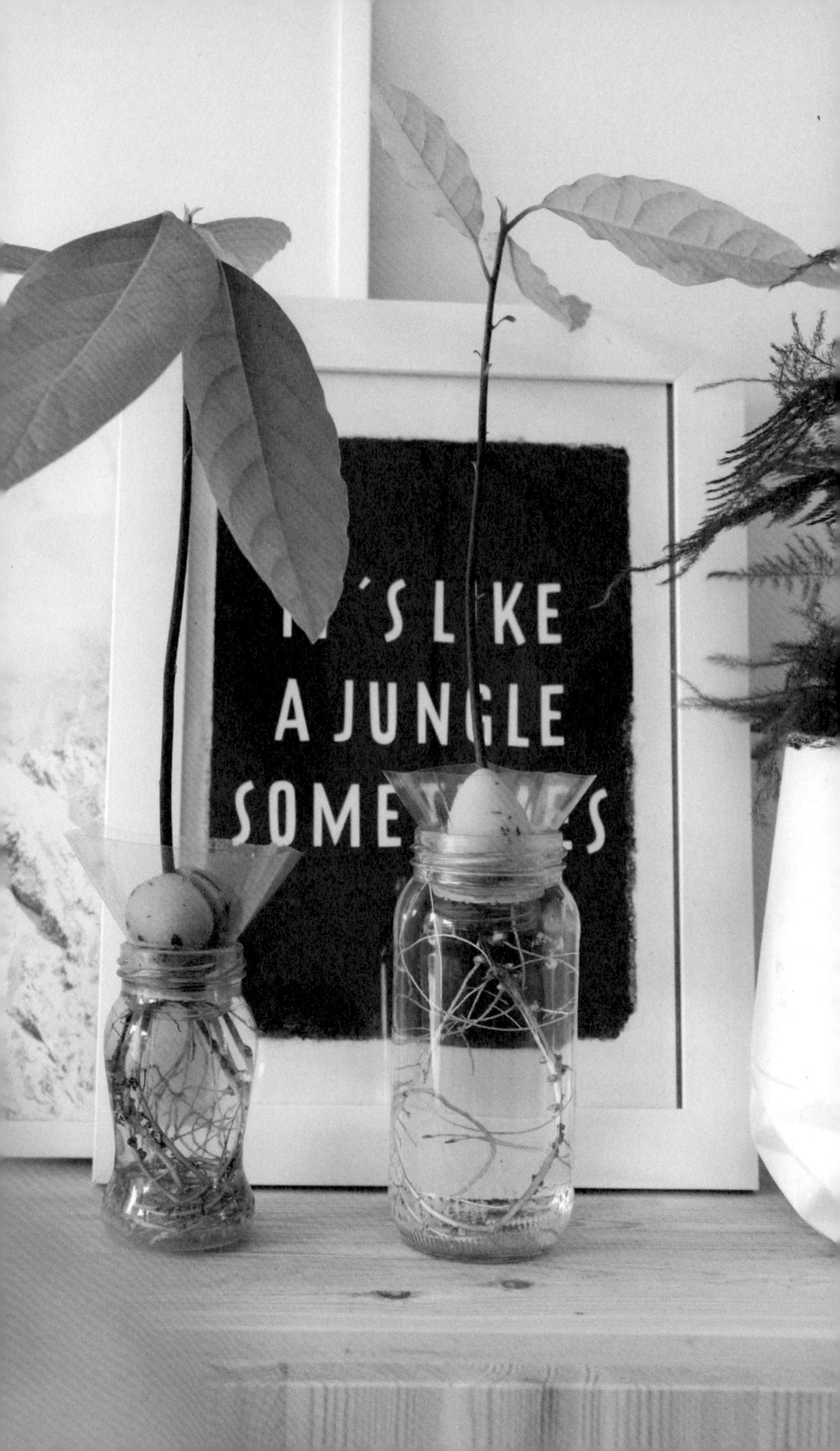
A JUNGLE

미니 DIY ①

나만의 유리병을 꾸며요

1 유리병 하나를 준비해서 씻
어 줍니다. 마음에 드는 글
씨체로 과일 이름을 써서
출력합니다.

2 병 안쪽에 테이프로 종이
를 붙입니다. 인쇄된 면이
유리병에 맞닿게 합니다.

3 세라믹 마커로 병 바깥에서 글자를 따라 씁니다. 진한 색이
나올 때까지 여러 번 반복해 주세요. 글씨가 유리에 잘 남아
있게 하고 싶다면, 펜에 쓰인 설명에 따라 유리병을 오븐에
넣고 몇 분 동안 구워도 됩니다.

미니 DIY ②

재활용 발아컵을 만들어요

1   페트병 한 개를 씻어서 준비합니다. 칼이나 커터 칼을 이용하여 페트병 입구에서 몇 센티미터 아랫부분을 잘라 줍니다. 뒤쪽에서 설명할 또 다른 미니 DIY에서 쓸 일이 있으니 페트병 아랫부분은 버리지 마세요.

2   물을 넣은 유리잔에 발아컵 입구가 잠기게 한 후 발아컵 속에 씨를 넣어 줍니다.

미니 DIY ③

미니 온실을 만들어요

1. 앞서 잘랐던 페트병의 밑 부분을 준비합니다. 페트병 바닥에 구멍을 몇 개 뚫어 주세요.

2. 화분 위에 페트병을 거꾸로 놓아 줍니다. 페트병이 미니 온실 효과를 만들어내서 식물 성장을 촉진합니다.

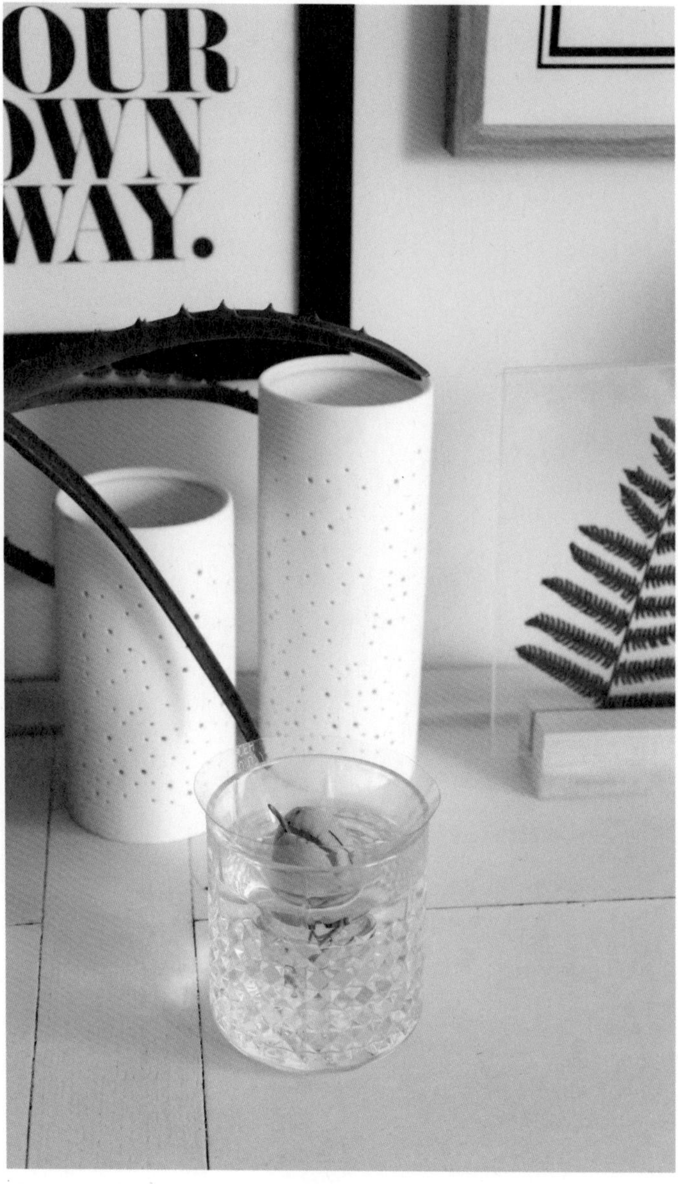
OUR

새싹 집사들을 위한 유용한 팁

**여러분의 새싹 키우기와 식물 성장에 도움이 되는
추가적인 팁을 소개합니다.**

- 발아는 동시에 여러 개를 시도하세요. 성공률은 절대 확신할
  수 없으니까요.

- 유리병이나 비닐봉지 안에 넣은 씨가 발아할 수 있는 최적의
  조건은 따뜻하고, 습하고 어두운 환경입니다. 이 세 가지 조
  건을 꼭 지켜 주세요.

- 과일에서 분리한 씨는 물이 담긴 볼에 넣어 줍니다. 발아할
  수 있는 씨들은 바닥에 가라앉고, 발아가 되지 않을 씨들은
  물 표면에 떠오릅니다. 발아가 되지 않을 씨를 이렇게 걸러내
  면 됩니다.

- 대부분의 씨는 건조시켜서 다음 해에 발아시킬 수도 있습니
  다. 잘 씻은 씨를 키친타월 위에 놓고 48시간 동안 말려 주세
  요. 씨가 잘 마르면 봉투에 넣어 잘 닫고 봉투 위에 이름을 써
  두면 됩니다.

- 발아한 씨를 화분에 옮겨 심은 후에는 빛이 많고 따뜻한 환경이 필요합니다. 작은 화분은 실내 창턱 위에 두고, 직사광선은 피해 주세요. 흙이 너무 빠르게 말라서 식물도 말라죽을 수 있습니다.

- 공간이 허락한다면 작은 온실을 만들어도 됩니다. 온실은 작은 씨들의 발아를 쉽게 해 줍니다.

- 어떤 씨들은 발아를 위해 저온 처리를 해야 합니다. 저온 처리는 씨가 겨울 동안 땅속에 있으면서 휴면상태에 들어가는 것을 상징합니다. 노천 매장이라 불리는 이 기법을 14쪽에 설명해 두었습니다.

- 잎이 몇 장 나기 시작하면, 작은 페트병(미니 온실, 24쪽 참조)을 조심히 빼서 작은 페트병 없이도 자라나는 것에 익숙해지도록 해 줍니다. 하루에 몇 시간씩 조금씩 빼내 줍니다.

- 식물은 빛을 향해 자라는 성향이 있습니다. 만약 식물이 한쪽으로 구부러져 있다고 느껴지면, 화분을 반대 방향으로 돌려서 다른 쪽도 자라게 해 주세요. 이렇게 하면 식물이 휘지 않고 자라게 할 수 있습니다.

실전 발아 시트

시트는 발아시키기 쉬운 것부터 어려운 것까지
난이도에 따라 정리돼 있습니다.

쉬움 ●○○	보통 ●●○	어려움 ●●●
아보카도	대추야자	사과
멜론	망고	체리
레몬	키위	구아버
꽈리	오렌지	
리치	석류	
고추	용과	
수박	파파야	
땅콩	복숭아	

쉬운 단계

알아두세요

'숲 속의 버터'라는 별명을 가지고 있는 아보카도는 작은 조각으로
썰어 샐러드로 만들어 먹거나, 빵에 버터처럼 발라먹기도 합니다.
어떤 식물부터 시작해야할지 모르겠다면, 아보카도를 추천합니다.
싹을 틔우기 가장 쉬운 과일이라서 초보자들에게 안성맞춤입니다!

Avocado

아보카도

난이도: ●○○ | 수확 시기: 1년 내내 | 성장 속도: ♦♦♦

멕시코가 원산지인 아보카도는 영양이 아주 풍부한 과일입니다. 아보카도는 아보카도나무에 열리는데요, 아보카도나무는 자연환경에서 20m 높이까지 자랄 수 있는 큰 나무입니다. 하지만 걱정 마세요. 여러분이 실내에서 키우게 될 아보카도는 그 정도까지 자라지는 않는답니다!

> **• 준비물 •**
> 잘 익은 아보카도 한 개, 부엌칼, 키친타월,
> 유리병, 물, 분갈이 재료(16쪽 참조)

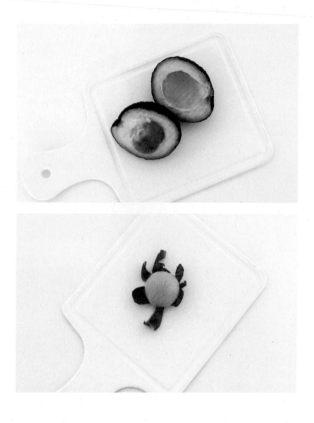

1   아보카도를 조심스럽게 반으로 자릅니다. 세로로 자르되 칼을 너무
     깊이 찔러 넣지는 마세요. 아보카도의 과육은 아주 부드러워서 너
     무 깊이 찌르면 씨에 상처가 날 수도 있습니다. 작은 숟가락을 이용
     해서 씨를 떼어냅니다. 미지근한 물로 씨를 씻어서 겉에 묻은 과육
     을 떼어내 줍니다.

2   씨를 감싸고 있는 얇은 갈색 껍질을 제거합니다. 씻자마자 제거하
     면 껍질을 제거하기가 훨씬 쉽습니다. 그런 다음, 물 적신 키친타월
     위에 발아시킬 씨를 올려 둡니다(10쪽 참조).

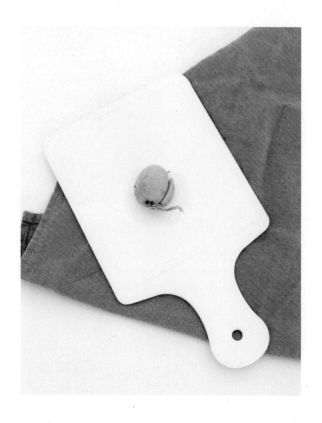

3   2~3주 후, 씨에 작은 틈이 생겨납니다. 그 틈 사이로 작고 하얀 뿌리들이 아주 빠르게 나옵니다.

4   뿌리 길이가 2~3cm 정도 되면, 뿌리를 물속에 담가 발아를 마무리
합니다. 뿌리 윗부분은 물 바깥에 둬야 하니 주의하세요. 적당한 병
이 없다면, 발아컵을 아주 쉽게 만들어서 쓸 수 있습니다(23쪽 참조).

그다음에는?

몇 주가 지나면 씨의 윗부분에서 작은 새싹이 나
옵니다. 그리고 아주 빠르게 예쁜 잎들을 펼칩니다.
작은 이파리들이 나오면 씨를 흙에 심어도 됩니다. 분갈
이용 부식토(또는 원예 범용 흙)를 채운 화분에 씨를 넣고, 발아
된 씨의 윗부분 4분의 1이 밖으로 나오도록 해 주세요.
아보카도 줄기는 매우 빠르게 자라납니다. 잎이 무성한 아
보카도를 원한다면, 새순을 잘라 주세요. 제일 위에 난
이파리 두 장 바로 아래에서 전지용 가위로 줄기를
잘라 주면 됩니다. 아보카도를 물이 담긴 투명
한 화병 속에 두고, 자라는 것을
지켜봐도 됩니다.

알아두세요

멜론씨는 말려서 다음 해 봄에 심을 수 있습니다(26쪽 참조).
겉에 그물 무늬가 있는 멜론을 네트(Net) 멜론이라고 합니다.

Melon

멜론

난이도: ●○○ | 수확 시기: 7월~10월 | 성장 속도: ◊◊◊

멜론은 아프리카가 원산지인 과일로 박과에 속합니다. 멜론은 여러 가지 종류와 색깔이 있습니다. 발아가 아주 빠른 것이 장점입니다!

• 준비물 •
잘 익은 멜론 한 개, 부엌칼, 키친타월,
유리병, 물, 분갈이 재료(16쪽 참조)

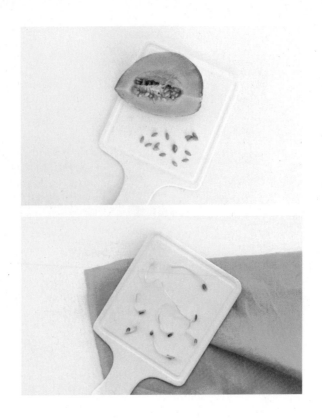

1   멜론을 반으로 자르고, 숟가락으로 씨를 긁어냅니다. 미지근한 물
     로 씨를 씻어서 겉에 묻은 과육을 떼어내 줍니다. 씻은 씨들을 물이
     담긴 볼에 담가 줍니다. 물 위에 뜨는 씨는 발아하지 못하니 제거해
     주세요. 그다음 나머지 씨들을 물 적신 키친타월 위에 두고 발아를
     준비합니다(10쪽 참조).

2   1주일 정도가 지나면 씨에서 뿌리와 예쁜 초록 새싹이 나오는 걸
     볼 수 있습니다.

3   뿌리가 몇 센티미터 정도 자라면 흙에 옮겨 심을 수 있습니다. 초록
색 새싹이 흙 바깥으로 나오게 심어 주세요.

4   작은 새싹 주위를 눌러서 땅을 다져 줍니다.

5   멜론 새싹은 아주 빨리 자라나고, 금세 예쁜 잎들이 나옵니다.

그다음에는?

멜론은 덩굴 식물입니다.
위로 마음껏 잘 자랄 수
있도록 버팀목을 세워
주세요.

알아두세요

씨의 투명 보호막을 반드시 제거해 주세요. 씨에 보호막이 남아있
으면, 물 적신 키친타월과 닿아서 썩게 되고 발아를 망치게 됩니다.
하지만 얇은 갈색막은 제거하지 않거나, 윗부분만 제거해야 합니
다. 안에 있는 하얀 씨는 잘 부스러지는데 갈색막은 이 하얀 씨가
부스러지지 않도록 지켜 줍니다.

Lemon

레몬

난이도: ●○○ | 수확 시기: 7월~10월 | 성장 속도: ◗◗◗

레몬은 우리가 잘 알고 있는 과일입니다. 자연에서 레몬은 레몬나무에서 열리는데, 레몬나무는 5~10m 높이까지 자랍니다. 레몬씨는 싹을 틔우기가 아주 쉬워서 예쁜 실내 식물로 기를 수 있습니다.

• 준비물 •
잘 익은 레몬 한 개, 부엌칼, 키친타월,
유리병, 물, 분갈이 재료(16쪽 참조)

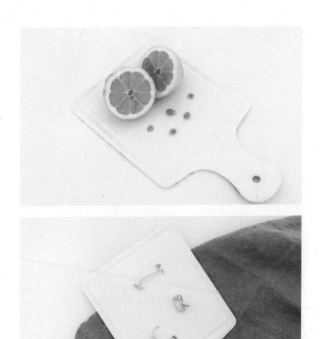

1   과일을 자르고 씨를 골라냅니다. 씨를 씻어서 씨에 묻어 있는 과육
과 과즙을 제거합니다. 투명 보호막 한쪽을 칼로 잘라 칼집을 내주
고 나머지는 손가락으로 잡아당겨서 벗겨 줍니다. 그런 다음 얇은
갈색막은 그대로 두거나 위쪽만 없애 줍니다.

2   물 적신 키친타월 위에 씨를 둡니다(10쪽 참조). 며칠이 지나면 뿌리
와 새싹이 몇 센티미터 정도 나옵니다.

3 새싹이 난 씨들을 흙에 심어 줍니다(16~18쪽 참조)

4 아름다운 잎들이 아주 빨리 피어납니다.

다른 방법

레몬씨를 흙에 바로 심어서 발아시킬 수도 있습니다. 투명막을 벗기는 것에 유의하고 흙을 항상 축축하게 유지해 주세요.

동일한 방법:

다른 레몬류나 감귤류(오렌지, 귤, 자몽 등) 새싹 키우기에 활용할 수 있습니다.

그다음에는?

여름에는 레몬나무를 볕이 잘 드는 장소에 두세요. 다음번에 물을 줄 때까지 흙이 마르지 않도록 하되, 화분 바닥에 물이 고여 있으면 안 됩니다. 겨울에는 베란다처럼 시원하고 볕이 잘 드는 곳(5~12℃)에서 레몬나무를 동면시켜 줍니다. 주의하세요. 레몬나무가 얼거나 바람을 맞지 않도록 보호해야 합니다!

알아두세요

우리나라에서 찾아볼 수 있는 꽈리는 꽃과 열매의 껍질이 크며 아름다운 붉은색을 띠고 있습니다. 과일에서 씨를 빼내서 세척한 다음 건조해도 됩니다. 씨를 다 말리면 봉투에 넣어 보관하고, 다음 봄에 파종하세요.

Ground Cherry

꽈리

난이도: ●○○ | 수확 시기: 7월~8월 | 성장 속도: ◖◖◍

'등롱초'라고도 불리는 꽈리는 아메리카가 원산지인 아름다운 식물입니다. 꽈리는 장식용으로 많이 쓰이지만 비타민이 풍부한 과일이기도 합니다! 치료 효과도 있죠. 꽈리풀은 키가 80cm를 넘지 않습니다.

• 준비물 •
꽈리 한 개, 부엌칼, 꼬치, 키친타월,
유리병, 물, 분갈이 재료(16쪽 참조)

1   꽈리를 반으로 자른 다음 나무 꼬치를 이용해서 씨를 빼냅니다. 꽈
    리 열매의 아주 작은 씨들을 빼낸 다음 키친타월 위에 올려 둡니다.
    씨를 키친타월에 문질러서 과육을 닦아냅니다. 그런 다음 다른 물
    적신 키친타월 위에 씨를 놓고 새싹이 나오길 기다립니다.

2   15일 정도 지나면 씨에서 작고 하얀 뿌리가 나옵니다.

3 이 작고 하얀 뿌리들의 길이가 몇 밀리미터 정도가 되면 흙에 옮겨
심을 수 있습니다. 씨 몇 개를 흙에 놓아 줍니다(16~18쪽 참조). 한쪽
에 너무 많은 새싹이 자라지 않도록 간격을 두고 놓아 주세요. 그 위
에 흙을 1~2 센티미터 정도 두께로 덮어 줍니다.

4   며칠이 지나면 흙 위로 작은 새싹이 나옵니다.

5   새싹들이 많이 자라면 새싹을 나눠서 좀 더 큰 화분에 옮겨 심으
    세요.

6 새싹은 약하기 때문에, 흙에서 꺼낼 때 새싹을 잡아당기면 안 됩니
다. 화분의 흙을 쏟아서 작업하는 것이 좋습니다.

7   흙을 채운 화분에 구멍을 만들고 새싹이 흙 위로 나오게 하여 심어
    줍니다. 새싹 주위의 흙을 눌러주고 물을 주는 것 잊지 마세요.

그다음에는?

뿌리가 자랄 수 있도록 적당히 긴
화분에 심어 주세요. 버팀목을 세우면
꽈리가 더 잘 자랄 수 있습니다. 추위
에 약하니 햇빛이 잘 들고 더운 곳에
화분을 두세요. 여름에는 물을
매우 자주 줘야 합니다.

알아두세요

리치는 겨울 과일입니다. 몇몇 아시아 식료품점이 아니면 다른 계절에 신선한 리치를 구하는 건 거의 불가능합니다. 그러니 리치씨를 발아시키기에 적당한 시기를 기다리세요. 냉동 리치나 설탕이 들어간 통조림 리치로는 발아가 되지 않습니다.

Litchi

리치

난이도: ●○○ | 수확 시기: 5월~10월 | 성장 속도: ◊◊◊

리치는 중국이 원산지인 과실나무입니다. 과즙이 풍부한 리치는 분홍색 비늘 모양 껍질로 싸여있습니다. 유럽에서는 이 열대 과일을 겨울에만 먹을 수 있습니다.

• 준비물 •
리치 몇 개, 부엌칼, 꼬치, 키친타월,
유리병, 물, 분갈이 재료(16쪽 참조)

1 과일을 조심스럽게 반으로 잘라서 씨를 빼냅니다. 씨가 다칠 수 있
으니 너무 세게 누르지 마세요. 씨를 씻은 뒤 물 적신 키친타월 위
에 두고 발아시킵니다.

2 1주일 정도 지나면, 씨의 한쪽에 작고 하얀 뿌리가 생깁니다. 리치
도 망고와 마찬가지로 뿌리와 새싹이 같은 곳에서 나오는데요, 하
나는 위를 향해, 다른 하나는 아래를 향해서 나옵니다.

3 뿌리가 몇 센티미터 정도로 자라면 흙으로 옮겨 줍니다. 씨를 수평
으로 놓고 뿌리(하얗고 제일 굵음)를 아래쪽으로, 작은 새싹(제일 가늘고
끝이 갈라짐)은 위로 향하게 하세요. 화분을 미니 온실 안에 넣어 줍
니다(24쪽 참조).

4 　금세 작은 갈색 잎들이 나오고, 갈색 잎은 초록색으로 변합니다.

그다음에는?

리치는 물을 충분히 잘 줘야 합니
다. 가장 좋은 방법은 화분 아래에 물
을 채운 작은 받침을 두는 겁니다. 그러
면 식물이 스스로 필요한 만큼의 물
을 얻을 수 있습니다. 리치는 습
기와 태양을 좋아합니다.

알아두세요

고추의 매운맛은 SHU라는 스코빌 지수로 나타냅니다. 청양고추
는 4,000~12,000 SHU이며 전세계에서 가장 매운 고추는 '페퍼
X(Pepper X)'로 무려 318만 SHU입니다. 고추를 만지고 난 뒤에는
손을 씻으세요. 고추를 만진 손이 눈에 닿으면 눈이 화끈거릴 수
있습니다.

Chili

고추

난이도: ●○○ | 수확 시기: 6월~11월 | 성장 속도: ♦♦♦

고추는 가까운 친척인 피망처럼 가짓과에 속합니다. 고추는 남아메리카에서 최초로 심은 식물 가운데 하나입니다. 옛날에는 고추를 약재로 사용하기도 했습니다.

• 준비물 •
잘 익은 고추 한 개, 부엌칼, 물을 채운 볼,
키친타월, 유리병, 물, 분갈이 재료(16쪽 참조)

1   깨끗한 부엌칼을 이용해 고추를 반으로 자릅니다. 반으로 잘린 고
     추 한쪽을 물이 담긴 볼에 넣고 씨를 분리합니다. 그런 다음, 분리
     한 씨를 키친타월에 올려놓고 말립니다.

2   작은 씨를 많이 모은 뒤 젖은 키친타월 위에서 발아시킵니다. 키친
     타월이 항상 축축한 상태인지 확인하세요. 며칠이 지나면 씨에서
     작고 하얀 뿌리가 나옵니다. 뿌리가 몇 밀리미터 정도로 자라면 화
     분에 옮겨 심어도 됩니다.

3   화분을 준비합니다. 흙 위에 발아한 씨 몇 개를 올려 둡니다. 새싹
     들이 너무 가깝게 자라지 않도록 사이를 벌려 줍니다. 그런 다음 씨
     위에 흙을 1~2 센티미터 정도 두께로 덮어 줍니다.

4   아주 빠르게, 흙에서 작고 예쁜 새싹이 나옵니다.

다른 방법

발아 단계를 거치지 않고 고추씨를 흙에 바로 심을 수도 있습니다.
이 방법은 시간이 아주 조금 더 걸립니다.

동일한 방법:

피망의 새싹키우기에 활용할 수 있습니다.

그다음에는?

고추는 축축한 흙을 좋아합니다. 다음
번 물을 줄 때까지 흙이 아주 약간만 마른
듯하게 두세요. 고추는 따뜻한 것도 좋아하
니 온실에서 자라게 하거나 햇빛이 잘 드
는 창문 가까이에 둬서 성장을 촉진해
주세요. 너무 커졌다면 좀 더 큰
화분으로 옮겨 줍니다.

알아두세요

최적의 조건에서 발아가 이뤄질 수 있도록, 가능하면 유기농 수박 하나를 통째로 고르세요. 조각으로 잘라서 개별 포장한 수박은 자르지 않은 통수박보다 발아될 확률이 낮습니다. 멜론 정도 크기의 작은 수박 종류는 커다란 수박보다 들고 오기 쉽습니다.

Watermelon

수박

난이도: ●○○ | 수확 시기: 7월~8월 | 성장 속도: ◢◢◢

수박은 서아프리카가 원산지인 박과의 과일입니다. 매우 시원하고 건강에 좋을 뿐만 아니라, 쉽게 발아시킬 수 있는 씨를 아주 많이 갖고 있습니다. 수박 모종은 실외에서 재배할 수 있고 20~50cm 정도 크기입니다.

• 준비물 •
수박 한 개, 부엌칼, 꼬치, 키친타월,
유리병, 물, 분갈이 재료(16쪽 참조)

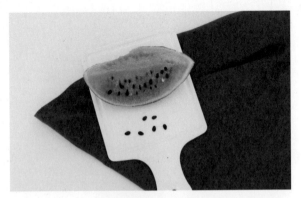

1   수박을 여러 조각으로 자르고 씨를 빼냅니다. 나무 꼬치를 이용하
     면 씨에 과육이 최대한 덜 묻게 하면서 씨를 하나씩 뺄 수 있습니
     다. 물이 담긴 볼에 씨를 넣어서 씻고, 바닥에 가라앉은 씨들만 사
     용하세요. 물 적신 키친타월 위에서 씨 여러 개를 발아시킵니다.

2   며칠 후 씨에서 흰 뿌리들이 나옵니다. 뿌리가 몇 센티미터 정도로
     자라면, 흙에 옮겨 줍니다.

3   작은 새싹들은 아주 빠르게 자라납니다. 새싹들이 손가락 한 개 정
     도의 길이로 자라면 원래 화분에서 새싹들을 조심스럽게 꺼내서
     더 큰 화분으로 옮겨 심으면 됩니다. 작은 새싹들은 아주 약하기
     때문에 손으로 잡아당기면 안 됩니다. 흙과 함께 작업대 위에 덜어
     내세요.

4   흙과 뿌리를 함께 잡고 새싹을 아주 조심스럽게 빼냅니다.

5   새싹이 잘 펼쳐지고 잘 자랄 수 있는 더 큰 화분에 심어 줍니다.

그다음에는?

수박은 양분이 풍부한 흙을 좋아합니다.
퇴비로 흙을 비옥하게 하거나 비료를 넣어줘
도 됩니다. 기후가 좋은 곳에 살고 있다면, 수
박을 야외에 있는 흙에 심어도 됩니다. 그럴
경우, 1m 간격을 두고 심어 주세요. 수박은
온기를 좋아하므로 더 많은 열을 모을
수 있도록 수박 아래에 기와 하
나를 놓아 주세요.

알아두세요

볶지 않은 땅콩을 준비합니다. 땅콩은 옮겨 심는 것을 좋아하지 않습니다. 발아된 씨를 큰 화분에 바로 심거나, 종이나 생분해 가능한 재질의 용기에 심어서, 식물이 몇 센티미터 정도로 자라면 곧바로 흙 속에 넣을 수 있도록 해주세요.

Peanut

땅콩

난이도: ●○○ | 수확 시기: 9월~11월 | 성장 속도: ♦♦♦

땅콩은 멕시코가 원산지인 땅콩의 열매입니다. 아주 예쁜 노란색 꽃이 피어나는 식물입니다. 땅콩은 꽃을 땅속으로 파고들게 만들고, 늦여름 쯤 땅속에서 꽃에 땅콩 열매가 열립니다. 땅콩은 20cm에서 90cm 정도까지 자랍니다.

> **• 준비물 •**
> 땅콩, 키친타월, 유리병, 물, 분갈이 재료(16쪽 참조),
> 위생 랩이나 미니 온실(24쪽 참조)

1   땅콩 껍질을 반으로 깨고 안에 있는 땅콩 두 개를 빼냅니다. 물 적신 키친타월 위에 땅콩을 둡니다.

2   며칠이 지나면 뿌리가 나옵니다.

3   뿌리가 몇 밀리미터 나오면 흙에 심을 수 있습니다. 흙을 채운 화분을 준비하세요. 막대기나 손가락으로 구멍을 내고, 2~3cm 정도 깊이에 뿌리가 난 땅콩을 밀어 넣습니다. 흙으로 구멍을 가볍게 채우듯이 덮어 줍니다.

4   구멍을 뚫은 위생 랩으로 화분을 덮거나, 화분을 미니 온실 안에 넣어 줍니다.

5   흙은 축축하게 유지하되 흠뻑 젖게 하지는 마세요.

6   1달 정도 지나면 잎이 몇 개 달린 식물을 볼 수 있습니다!

그다음에는?

초가을이 되면 땅콩의 잎은
시들기 시작합니다. 그때 흙
속에 열린 작은 땅콩들
을 수확해 보세요.

볶은 땅콩을 약간의 소금과 함께 갈면 땅콩에서 기름이 배어 나와 홈메이드 땅콩버터를 만들 수 있습니다. 너무 뻑뻑해서 갈기 어렵다면 오일을 넣어 주세요. 훨씬 쉬워집니다.

실전 발아 시트

시트는 발아시키기 쉬운 것부터 어려운 것까지
난이도에 따라 정리돼 있습니다.

쉬움 ●○○	보통 ●●○	어려움 ●●●
아보카도	대추야자	사과
멜론	망고	체리
레몬	키위	구아버
꽈리	오렌지	
리치	석류	
고추	용과	
수박	파파야	
땅콩	복숭아	

보통 단계

알아두세요

우리가 가게에서 볼 수 있는 대추야자는 대부분 절여진 것입니다. 가지에 달린 자연산 대추야자를 구하세요. 발아가 항상 성공하지는 않으니 씨 여러 개를 발아시키는 게 좋습니다.

Date Palm

대추야자

난이도: ●●○ | 수확 시기: 10월~12월 | 성장 속도: ◖◗◗

대추야자는 중동이 원산지인 커다란 종려나무, 대추야자나무에 열리는 달콤한 과일입니다. 자연 서식지에서 대추야자나무는 30m 높이까지 자랍니다. 겁먹지 마세요. 여러분이 키울 미니 종려나무는 그 정도까지 자라지는 않습니다!

> **• 준비물 •**
> 대추야자 여러 개, 부엌칼, 키친타월,
> 유리병, 물, 분갈이 재료(16쪽 참조)

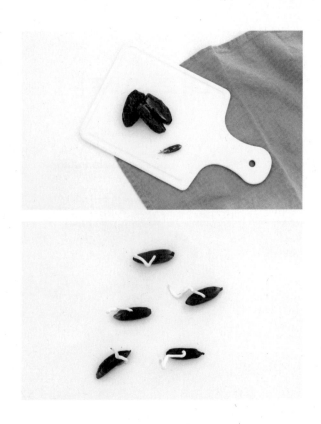

1   대추야자씨가 다치지 않도록 조심스럽게 반으로 자르고 씨를 꺼냅
니다. 물에 넣고 끈적이는 부분을 제거합니다. 씨가 투명한 막으로
싸여있다면 그 막을 벗겨내세요. 씨가 깨끗해졌으면 젖은 키친타월
위에 두고 발아시킵니다.

2   몇 주가 지나면 씨에서 작고 하얀 뿌리가 나옵니다. 뿌리가 몇 센티
미터 정도로 자랄 때까지 그대로 둡니다.

3   뿌리가 어느 정도 길어지면 흙이 담긴 화분에 씨를 넣고 몇 센티미
터 정도 두께로 흙을 덮어 줍니다.

4 몇 주가 지나면 작은 초록색 새싹이 나오기 시작합니다. 새싹이 나올 때 까지는 시간이 걸리니 너무 걱정하지 않아도 됩니다.

다른 방법

대추야자 씨를 물에 넣고 발아시킬 수도 있습니다. 물은 4일에 한 번씩 갈아주면 됩니다. 하지만 이 방법은 시간이 훨씬 더 오래 걸리고, 매번 발아가 성공하지는 않습니다.

그다음에는?

대추야자나무는 습기를 좋아합니다. 화분 아래에 물 받침 하나를 놓고, 받침에 항상 물이 차 있게 해 주세요. 대추야자나무에게는 빛이 많이 필요하지 않으니 직사광선 아래에 두지 마세요. 잎이 타버릴 수도 있습니다.

알아두세요

다른 과일과 달리 망고씨가 발아하는 모습은 씨앗마다 다릅니다.
새싹이 초록색일 수도, 노란색일 수도, 아름다운 연분홍색일 수도
있습니다. 열매에 따라 하나 또는 여러 개의 새싹이 나옵니다. 망고
나무의 발아는 꼬마 에이리언의 탄생과 비슷할 수도 있습니다. 겁
먹지 마세요!

Mango

망고

난이도: ●●○ | 수확 시기: 6월~10월 | 성장 속도: ◗◗◖

망고는 아시아가 원산지인 커다란 열대 나무, 망고나무에 열리는 달콤한 과일입니다. 과육이 풍부한 망고의 씨는 과일 중앙에, 솜털로 덮인 두꺼운 껍질 속에 숨겨져 있습니다. 실내에서도 충분히 미니 망고나무를 키울 수 있습니다. 많은 빛과 온기만 있으면 됩니다.

> **• 준비물 •**
> 잘 익은 망고 한 개, 부엌칼, 키친타월,
> 유리병, 물, 분갈이 재료(16쪽 참조)

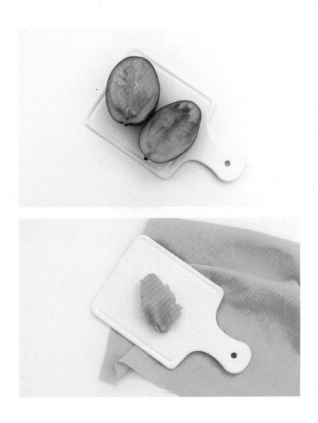

1   망고 가운데를 세로로 갈라서 반으로 자릅니다. 씨를 품고 있는 껍질은 두 조각 중 한 쪽에 있습니다. 과육 밑에 가려져 있습니다.

2   가느다란 흰색 솜털로 덮인 껍질이 나타나도록 과육을 제거합니다. 과일의 잔여물이 남지 않도록 살살 문지르면서 물로 헹궈 줍니다.

3　망고씨 껍질을 열 때는 굴 껍질을 열 때와 같은 방법을 사용합니다. 껍질 가장자리에 칼을 꽂고, 칼날을 지렛대처럼 이용해서 두 면을 분리해 주세요.

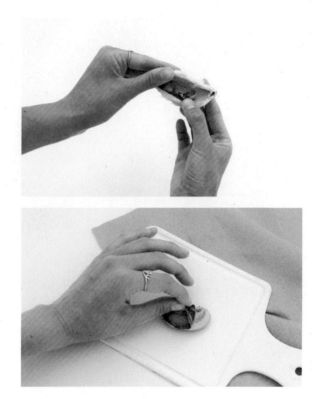

4   벌어진 틈을 손가락으로 잡고 껍질을 열어 씨를 꺼냅니다.

5   씨를 둘러싸고 있는 얇은 갈색 껍질을 벗겨 줍니다. 이 껍질은 썩을
     수 있어서 벗겨내지 않으면 발아를 망치게 됩니다.

6   물 적신 키친타월 2~3장 위에 씨를 둡니다. 작고 예쁜 와인색 뿌리
가 나오고 색깔 있는 싹이 보이기 시작했나요? 그렇다면 씨를 흙에
옮겨도 됩니다.

7   흙을 채운 화분에 씨를 심어 줍니다(16~18쪽 참조). 씨를 올바른 방
    향으로 심도록 주의하세요. 리치의 경우처럼, 씨를 수평으로 놓고
    뿌리를 아래쪽으로, 싹을 위로 향하게 하세요. 싹이 이미 크게 자라
    났다면, 흙 위로 나오게 심어도 됩니다.

그다음에는?

흙을 축축하게 유지하되 흠뻑 젖게 하지는
마세요. 화분을 창문 가까이에 둬서 식물이 최
대한 많은 빛을 받고, 그래서 소기후를 만들어낼
수 있게 해 주세요. 얼마 지나지 않아 작은 갈색 잎
들이 나온 다음 큰 초록색 잎으로 변합니다. 초반
에는 잎들이 늘어지지만 다시 서게 되니 걱정
마세요. 분무기로 물을 조금 뿌려 줘도
되는데요, 가능하면 비석회질 물이
좋습니다.

알아두세요

가급적 유기농으로 재배한 키위를 준비하세요. 마트에서 파는 키위의 씨로는 발아가 성공할 확률이 아주 낮습니다.

Kiwi

키위

난이도: ●●○ ┃ 수확 시기: 10월~12월 ┃ 성장 속도: ◊◊◊

키위는 중국이 원산지인 털북숭이 과일입니다. 뉴질랜드에서 키위를 재배하기 시작한 것은 1900년대에 들어서입니다. 키위라는 이름을 갖게 된 것도 이때부터입니다. 뉴질랜드 사람들이 뉴질랜드의 상징인 키위새에 대한 경의의 표시로 이 이름을 붙였죠. 키위가 열리는 넝쿨은 다래속이라고 불립니다. 유럽지역에서 아주 잘 자랍니다. 키위씨 싹을 틔우려면 '노천 매장'이라는 단계를 거쳐야 합니다.

> **• 준비물 •**
> 키위 한 개, 부엌칼, 꼬치, 키친타월, 유리병, 물,
> 분갈이 재료(16쪽 참조), 위생 랩 또는 미니 온실(24쪽 참조)

1   키위를 반으로 자르고 나무 꼬치를 이용해서 검정색 씨를 골라냅니다. 씨를 키친타월 위에 놓아 둡니다. 손가락으로 키친타월에 씨를 문질러서 과육을 제거해 줍니다.

2   씨를 키친타월로 감싸고(14쪽 참조) 냉장고에 4~6주 동안 보관합니다. 이 기간이 지나면, 씨를 계속 축축한 키친타월에 감싼 채로 따뜻하고 습한 곳에 둡니다. 그러면 새싹이 꽤 빠르게 나옵니다.

3   뿌리가 몇 밀리미터 정도 자라면 씨를 흙으로 옮겨 줍니다. 토분 하
       나를 준비하세요. 몇 센티미터 정도 간격을 두고 씨를 흙에 올립니
       다. 그 위를 흙으로 얇게 덮어 줍니다.

4 위생 랩에 구멍을 뚫어서 화분을 덮어 주거나 화분을 미니 온실 안
  에 넣어 줍니다(24쪽 참조). 따뜻하고 볕이 많이 드는 곳에 화분을 놓
  아 둡니다. 흙은 축축하게 유지하되 너무 흠뻑 젖게는 하지 마세요.
  화분 받침에 물이 고여 있으면 안 됩니다. 새싹은 꽤 빨리 나옵니
  다. 새싹이 나오면 위생 랩을 벗겨내도 됩니다.

그다음에는?

키위 새싹이 5cm 정도로 크면 좀 더
큰 화분으로 옮겨줘도 됩니다. 키위 모종
은 아주 약하니 주의하세요. 화분은 늘 창가
에 두거나 볕이 잘 드는 곳에 두는 게 좋습
니다. 키위는 덩굴 식물이므로 버팀목
을 세워서 키위가 편안하게 자랄
수 있도록 해 주세요.

알아두세요

다른 많은 과일처럼 오렌지의 경우에도 화학처리를 하지 않은 유기농 재배 열매를 사용하는 것이 좋습니다. 오렌지씨가 발아할 때 아주 불쾌한 냄새가나더라도 너무 걱정하지 마세요. 그만큼 잘 썩지 않습니다.

Orange

오렌지

난이도: ●●○ | 수확 시기: 6월~10월 | 성장 속도: ◐◐◐

오렌지는 가정에 잘 알려진 달콤한 과일로, 감귤류에 속합니다. 오렌지
나무는 자연 서식지에서 10m 높이까지 자랄 수 있습니다. 아시아가 원
산지입니다. 오렌지나무는 수많은 약효를 지니고 있습니다.

• 준비물 •
오렌지 한 개, 부엌칼, 키친타월,
유리병, 물, 분갈이 재료(16쪽 참조)

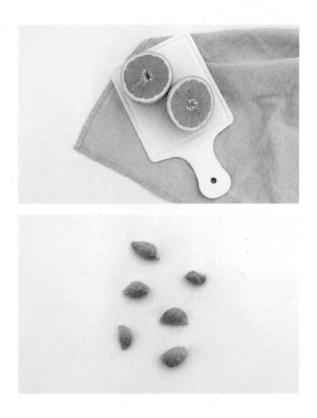

1   오렌지를 반으로 자릅니다. 씨를 빼내고 물로 씻어서 씨에 남아있
     는 과육을 제거해 줍니다. 불룩한 씨들을 고르세요. 납작한 씨에서
     는 아무것도 나오지 않습니다.

2   씨가 깨끗해졌으면, 씨를 싸고 있는 얇고 투명한 막을 벗겨냅니다.
     씨 한쪽 끝에 칼집을 내주고 손으로 벗기면 됩니다.

3   씨는 갈색으로 된 두 번째 막에 싸여있습니다. 갈색막은 반 정도 벗
     겨 줍니다. 그런 다음 물 적신 키친타월에 올려 두고 씨를 발아시킵
     니다.

4   몇 주가 지나면 하얗고 작은 뿌리가 나옵니다. 발아된 씨가 몇 센티
     미터 정도 길이가 되면 흙으로 옮겨 줍니다.

5　몇 주 후면, 흙에서 예쁜 초록 싹이 나옵니다.

다른 방법
오렌지씨를 흙에 바로 심어도 됩니다. 이 방법 역시 발아가 아주 잘 됩니다. 화분 하나에 씨 2~3개를 2~3cm 간격으로 심어 주세요.

동일한 방법:
다른 감귤류(귤, 자몽 등등) 새싹 키우기에 활용할 수 있습니다.

그다음에는?

일주일에 두세 번 정도 부식토를 축축하게 적셔 주세요. 잎이 3~4개 정도 달리면 좀 더 큰 화분(지름 약 15cm)에 옮겨 심어도 됩니다. 화분 바닥에는 꼭 하이드로볼을 넣어 주세요.

알아두세요

석류는 원단을 염색하는데 쓰였었던 만큼, 석류를 다룰 때 석류즙
이 옷에 물들지 않도록 조심하세요!

Pomegranate

석류

난이도: ●●○ ┃ 수확 시기: 9월~12월 ┃ 성장 속도: ♦♦🌰

아시아가 원산지인 석류는 석류나무에서 열리는 놀라운 과일입니다. 석류 과육과 과즙은 요리를 멋지게 장식해줄 뿐만 아니라, 수세기 전부터 동양에서 카펫을 물들이는 데 쓰였습니다. 그러니 석류를 다룰 때 조심하세요!

> **• 준비물 •**
> 석류 한 개, 부엌칼, 물이 담긴 볼,
> 키친타월, 유리병, 물, 분갈이 재료(16쪽 참조)

1 석류즙 얼룩이 옷에 묻지 않게 씨를 빼려면, 반으로 자른 석류를 물이 담긴 볼에 넣고 손가락으로 씨를 빼냅니다.

2 끈적끈적한 껍질을 벗겨 줍니다. 씨를 키친타월에 올려두고 손가락으로 하나씩 문지르면 됩니다. 즙이 묻은 부분은 키친타월에 남습니다. 씨를 입에 넣고도 똑같이 껍질을 벗길 수 있는데요, 과즙이 남아있는 껍질을 맛볼 수 있다는 장점이 있습니다.

3   젖은 키친타월에서 씨를 발아시킵니다. 약 15일이 지나면 몇몇 씨
    에서 작은 뿌리들이 생겨납니다. 모든 씨가 발아하지는 않습니다.
    그러니 여러 개의 씨를 가지고 시도하는 게 중요합니다.

4   뿌리가 몇 밀리미터 정도로 자라면 씨를 흙으로 옮겨 줍니다. 저는
    작은 화분 하나에 씨를 하나씩 심었습니다.

5   흙으로 얇게 덮어 준 다음 스푼으로 흙을 눌러 줍니다.

6   며칠이 지나면 예쁜 새싹이 얼굴을 내밉니다.

그다음에는?

햇빛이 잘 드는 곳에서 살고 있다면,
여름에 화분을 밖에 두고 햇볕을 쬐게 해
도 되지만 조금씩 쪼여 줘야 됩니다. 겨울
에는 따뜻하지 않은 곳에 화분을 둬도 되
지만 얼지 않도록 해야 합니다. 추운 기
간은 꽃이 피어나는데 좋은 시기
입니다.

알아두세요

용과의 빨간색은 물들기 쉽습니다. 용과를 다룰 때 옷에 묻지 않도록 조심하세요. 흰 옷은 피하는 게 좋습니다. 착생식물인 용과는 자연에서는 나무나 벽에 기대어 자랍니다. 용과가 잘 자라게 하기 위해서는 지지대를 세워 주세요.

Dragon fruit

용과

난이도: ●●○ | 수확 시기: 1년 내내 | 성장 속도: ◆◆◆

피타야라고도 불리는 용과는 선인장의 열매입니다. 원산지는 멕시코입니다. 가장 잘 알려진 분홍색 껍질과 흰색 과육의 열매, 분홍색 껍질과 빨간색 과육 그리고 노란색 껍질과 흰색 과육 총 세 가지 종류의 열매가 있는데 모두 먹을 수 있는 열매입니다.

• 준비물 •
용과 한 개, 부엌칼, 꼬치, 키친타월,
분갈이 재료(16쪽 참조), 위생 랩이나 미니 온실(24쪽 참조)

1   용과를 반으로 자르고 나무 꼬치로 검정 씨들을 채취합니다. 물
    적신 키친타월에 씨들을 문질러 과육을 닦아 줍니다. 새 키친타월
    위에 씨를 두고 하룻밤 동안 말립니다.

2   미리 준비해둔 화분의 흙 위에 씨를 놓아 줍니다. 새싹이 너무 가깝
    게 자라지 않도록 몇 센티미터 정도 간격을 둡니다.

3   씨를 흙으로 얇게 덮어 줍니다.

4   물을 조금 준 다음 위생 랩이나 미니 온실로 덮어 주고, 따뜻하고
    볕이 잘 드는 장소로 옮겨 줍니다.

5   몇 주가 지나면 새싹이 나옵니다.

6   새싹들이 몇 센티미터 정도로 자라면 분리해서 화분 하나에 새싹
    하나씩 심어 줍니다. 지름이 40cm 정도인 화분을 사용하고, 버팀
    목을 세워 주세요.

그다음에는?

흙이 마르면 물을 아주 조금만 주세요.
여름에 날씨가 덥다면 화분을 바깥에 둬도
됩니다. 밖에 내놓지 않아도 실내 창가에 두면
화분은 잘 자라납니다. 겨울에는 얼지 않게 주
의하면서 베란다 같은 좀 더 시원한 곳에 둡
니다. 겨울에는 물을 주지 마세요. 나무가
너무 커지면 가지치기를
해도 됩니다.

용과는 어떤 과일과 함께 먹어도 맛이 잘 어우러지는 과일입니다. 다른 과
일과 함께 갈아서 주스로 마셔도 좋고, 샐러드를 해도 좋습니다.

알아두세요

파파야의 잎과 열매에는 파파인이라는 단백질 분해 효소가 들어있습니다. 파파야의 주 원산지인 중앙아프리카에서는 연육작용을 위해 파파야 잎과 어린 열매를 같이 넣기도 합니다.

Papaya

파파야

난이도: ●●○ | 수확 시기: 1년 내내 | 성장 속도: ◖◗◗

파파야는 멕시코가 원산지인 파파야나무의 열매입니다. 파파야는 자연 환경에서 7m까지 자랄 수 있는 단일 줄기 아교목입니다. 카리브 지역의 인디언들은 염증이나 장 질환을 해결하기 위해 파파야 열매 반죽으로 찜질을 했습니다.

> **• 준비물 •**
> 파파야 한 개, 물이 담긴 볼, 부엌칼, 모래가 섞인 흙,
> 분갈이 재료(16쪽 참조), 위생 랩 또는 미니 온실(24쪽 참조)

1   파파야를 반으로 자르고 가운데 씨들을 손가락으로 분리해 주세요. 씨들을 물이 담긴 볼에 넣고 가볍게 씻어 줍니다. 바닥에 가라앉은 씨를 건져 줍니다. 키친타월 위에 씨를 놓고 문질러서 남은 과육을 제거하고, 씨를 감싼 끈적끈적한 껍질을 까 줍니다.

2   키친타월 위에 올려둔 씨를 어두운 곳에서 말려 줍니다.

3   화분에 부식토와 모래가 섞인 흙을 준비합니다. 5cm 간격으로 1cm 깊이의 구멍을 뚫고 구멍 안에 씨를 넣어 줍니다. 그런 다음 구멍을 흙으로 다시 막아 줍니다.

4   구멍을 뚫은 위생 랩으로 화분을 감싸거나, 화분을 미니 온실 안에 넣어 줍니다. 화분을 따뜻하고 볕이 잘 드는 곳에 둡니다. 히팅 매트를 갖고 있다면 사용해도 됩니다. 흙은 축축한 상태를 유지하되 너무 흠뻑 젖은 상태로 두지 마세요. 화분 받침에 물이 고여 있으면 안 됩니다.

5   몇 주가 지나면 작은 새싹들이 나옵니다.

그다음에는?

화분을 따뜻하고 볕이 잘 드는 곳에 놓되 직사광선은 피해 주세요. 주변 온도는 20℃ 정도여야 합니다. 싹이 몇 센티미터 정도로 자라나면 힘이 없는 새싹들은 제거하고 화분 한 개당 3개씩만 자라게 합니다.

솜땀은 파파야를 넣어 만든 태국식 샐러드입니다. 가늘게 채 썬 파파야, 마늘, 고추, 라임, 종려당, 피시소스를 절구에 넣고 살살 빻아 주세요. 맵고 짜고 달고 새콤한 맛이 한데 어우러진 것이 솜땀의 매력입니다!

알아두세요

복숭아를 고를 때는 상처가 없고 달콤한 향기가 강한 것을 고르세요. 복숭아 씨가 단단하지 않거나, 과육을 자를 때 같이 잘렸다면 상한 씨앗일 수 있습니다.

Peach

복숭아

난이도: ●●○ | 수확 시기: 6월~8월 | 성장 속도: ◗◖◖

복숭아는 중국이 원산지인 과육이 풍부한 과일입니다. 복숭아나무는 자연환경에서는 7m 높이까지도 자랍니다. 연초에는 예쁜 분홍색 꽃이 피어나 복숭아나무를 장식하죠. 복숭아씨를 발아시키기 위해서는 '노천 매장'이라는 기간을 거쳐야 합니다.

• 준비물 •
복숭아 한 개, 호두 까는 기구, 부엌칼,
키친타월, 유리병 또는 흙을 채운 화분(16쪽 참조)

1   복숭아를 반으로 자르고 씨를 꺼냅니다. 단단한 껍질 안에 발아 할 수 있는 작은 씨가 들어 있습니다. 호두 까는 기구를 이용해서 겉에 있는 껍질을 열어 줍니다.

2   작은 씨를 4~5주 동안 냉장고 안이나 실외 화분에 두고 노천 매장 (또는 휴면) 상태로 둡니다.

3   씨에서 몇 센티미터 정도 길이의 뿌리가 나오면 발아된 씨를 양질의 흙 안에 넣어 줍니다.

4   몇 주 후, 흙에서 새싹이 나오는 모습을 볼 수 있습니다.

동일한 방법:
살구 새싹 키우기에 활용할 수 있습니다.

그다음에는?

작은 복숭아나무를 해가 잘 들고 따뜻한 곳에 둡니다. 흙은 항상 축축하게 유지하되 화분 받침에 물이 고이지 않게 주의하세요. 기후가 온화한 곳에 살고 있다면 화분을 실외에 놓아도 됩니다.

으깬 복숭아와 레몬즙, 설탕을 냄비에 넣고 중불로 진득한 느낌일 들 때까지 끓여 주세요. 복숭아는 단맛이 강한 과일이라 설탕을 많이 넣지 않아도 충분히 달콤한 잼이 된답니다.

실전 발아 시트

시트는 발아시키기 쉬운 것부터 어려운 것까지
난이도에 따라 정리돼 있습니다.

쉬움 ●○○	보통 ●●○	어려움 ●●●
아보카도	대추야자	사과
멜론	망고	체리
레몬	키위	구아버
꽈리	오렌지	
리치	석류	
고추	용과	
수박	파파야	
땅콩	복숭아	

어려운
단계

알아두세요

사과씨의 발아를 위해서는 겨울을 모방하는 냉각 보관이 필요합니다. 이 과정을 노천 매장이라고 합니다. 8월에서 11월 사이에 나오는 제철 사과를 이용하는 경우, 이 과정은 필수입니다. 여러분이 사용하게 될 씨는 나무에서 수확된 열매에서 바로 나오는 것이기 때문이죠. 반면, 봄에 씨를 발아시키는 경우에 여러분이 가게에서 구할 수 있는 사과는 숙성을 늦추기 위해 몇 달 동안 차가운 곳에서 이미 냉각 보관 기간을 거쳤습니다.

Apple

사과

난이도: ●●● | 수확 시기: 10월~12월 | 성장 속도: ◗◗🍂

우리가 알고 있는 사과는 중앙아시아가 원산지입니다. 프랑스에서 가장 많이 소비되는 과일이죠. 사과 역시 발아를 위해 냉각 보관 기간이 필요한 과일입니다.

• 준비물 •

사과 한 개, 부엌칼, 키친타월, 유리병, 물,
분갈이 재료(16쪽 참조), 위생 랩 또는 미니 온실(24쪽 참조)

1   사과를 반으로 자르고 씨를 빼냅니다. 씨를 빼낸 뒤, 젖은 키친타월
    에 두고 발아시킵니다. 사과가 제철인 시기에 발아시키는 거라면,
    사과씨를 넣은 유리병을 냉장고에 4~8주 동안 보관하세요.

2   봄에 나온 사과씨를 이용한다면 2~3주 후에 뿌리가 나올 겁니다.
    가을에 나온 사과씨의 경우, 냉각 보관을 한 뒤에도 뿌리가 나오지
    않는 다면, 씨를 넣은 유리병을 따뜻한 곳에 두세요. 며칠이 지나면
    뿌리가 나올 겁니다.

3   뿌리가 몇 센티미터 정도 자라면 흙으로 옮겨 줍니다. 흙을 채운 화
분에 작은 구멍 하나를 만들고, 뿌리가 난 씨를 구멍 안에 조심스럽
게 넣어 줍니다. 흙으로 구멍을 채우듯이 가볍게 덮어 주고, 구멍을
낸 위생 랩으로 화분을 덮거나 화분을 미니 온실 안에 두세요.

4   얼마 지나지 않아 흙에서 예쁜 초록 새싹이 나옵니다.

동일한 방법:

배의 새싹 키우기에 활용할 수 있습니다.

그다음에는?

사과나무는 유럽지역에서 자라는 식
물입니다. 그렇기 때문에 여름에 화분
을 실외에 둬도 되고, 야외에 있는 흙에
바로 심어도 됩니다. 여름에는 주기적
으로 물을 주고 겨울에는 그것보
다 적게 물을 주세요.

알아두세요

체리는 과육이 달고 부드러워 쉽게 상하는 과일 중에 하나입니다. 신선한 체리를 고르기 위해서는 꼭지를 잘 살펴보세요. 꼭지가 튼튼하고 생기있을수록 신선한 체리입니다.

Cherry

체리

난이도: ●●● | 수확 시기: 5월~6월 | 성장 속도: ◗◖◖

체리는 아주 잘 알려진 과일입니다. 체리의 종류만 해도 약 600가지가 되죠. 체리가 열리는 체리나무에는 예쁜 하얀 꽃이 피어납니다. 체리씨를 발아시키기 위해서는 '노천 매장'이라는 기간을 거쳐야 합니다.

> **• 준비물 •**
> 체리 여러 개, 물이 담긴 볼, 부엌칼,
> 키친타월, 유리병 또는 흙을 채운 화분(16쪽 참조),
> 위생 랩 또는 미니 온실(24쪽 참조)

1   체리를 반으로 자르고 씨를 빼냅니다. 씨를 물로 씻어서 남아있는 과육을 제거해 줍니다. 물이 담긴 볼에 씨를 넣고, 바닥에 가라앉은 씨들만 사용하세요. 키친타월 위에 씨를 두고 며칠 동안 말려 줍니다.

2   원하는 방법을 선택해서 씨를 노천 매장합니다.

3   3개월의 냉각 보관 기간이 지나면, 몇몇 씨의 껍질이 갈라지기 시작합니다. 바로 그 때가 씨를 심을 시기입니다.

4   부식토와 모래가 섞인 흙에 체리씨를 심어 줍니다. 뿌리가 충분히 자랄 공간이 있는 깊은 화분을 사용하세요. 2.5cm 정도의 구멍을 만들고 그 안에 씨를 넣어 줍니다.

5   구멍을 낸 위생 랩으로 화분을 감싸거나, 화분을 미니 온실 안에 넣어 줍니다.

6   식물끼리 너무 가까이 붙어 자라지 않게 몇 센티미터 이상 간격을 두고 심어 주세요.

그다음에는?

체리의 발아는 꽤 오래 걸립니다. 간혹 몇 달까지도 걸려요. 흙은 항상 축축한 상태여야 하지만 너무 흠뻑 젖어서는 안 됩니다. 흙 속에 손가락을 넣어보면서 습도를 체크 해 보세요(19쪽 참조).

씨를 제거한 체리를 설탕, 레몬즙과 함께 끓여 주세요. 전분물을 약간 넣어
점성이 생기게 해 줍니다. 완성된 체리 필링은 타르트, 케이크, 요거트 등
다양한 요리에 활용할 수 있습니다.

알아두세요

구아버의 잎은 월계수와 향이 비슷하면서도 쓴맛이 적기 때문에
월계수잎을 대신하는 향신료로 쓰이기도 합니다. 단맛이 약한 구
아버를 먹을 때에는 소금을 찍어 단맛을 끌어올리기도 합니다.

Guava

구아버

난이도: ●●◐ | 수확 시기: 1년 내내 | 성장 속도: ◖◖◖

구아버는 중앙아메리카가 원산지인 과일입니다. 감귤류 과일보다 더 많은 비타민C를 함유하고 있어요! 구아버가 열리는 구아버나무는 자연에서 8m 높이까지 자랄 수 있고, 붉은 수술이 있는 예쁜 흰색 꽃을 피웁니다.

> **• 준비물 •**
> 구아버 한 개, 물이 담긴 볼, 부엌칼, 모래가 섞인 흙,
> 분갈이 재료(16쪽 참조), 위생 랩 또는 미니 온실(24쪽 참조)

1   구아버를 반으로 자르고 한쪽 조각을 물이 담긴 볼에 담급니다. 손
     가락으로 씨를 떼어냅니다. 바닥에 가라앉은 씨들을 꺼내세요. 키
     친타월에 씨를 문질러서 남아있는 과육을 제거해 줍니다.

2   미지근한 물이 담긴 볼에 씨를 24시간 동안 담가 둡니다.

3   부식토와 모래가 섞인 흙이 담긴 화분 하나를 준비합니다. 몇 센티
     미터 간격을 두고 씨를 심어 줍니다.

4   그 위를 부식토와 모래가 섞인 흙으로 얇게 덮어 줍니다.

5   구멍을 낸 위생 랩으로 화분을 감싸거나, 화분을 미니 온실 안에 넣
     어 줍니다. 화분을 따뜻하고 볕이 잘 드는 곳에 두세요. 히팅 매트
     를 갖고 있다면 사용해도 됩니다. 흙은 축축한 상태를 유지하되 너
     무 흠뻑 젖은 상태로 두지 마세요.

6   몇 주가 지나면 흙에서 작은 새싹이 올라오는 걸 볼 수 있습니다.

그다음에는?

구아버를 볕이 잘 드는 곳에 두세
요. 흙이 몇 센티미터 정도 깊이까지
마르면 그때 물을 주세요. 흙에 손가락
을 넣어서 흙이 계속 축축한지 확인
하면 됩니다. 화분 받침에 물이
고여 있지 않게 하세요.

씨를 제거한 구아버로 주스를 만들면 더욱 부드러운 구아버 주스를 마실
수 있습니다.

맺는말

자연에는 정해진 답이 있지 않습니다. 여러분의 집에서는 효과가 좋은 방법이 여러분 사촌의 집에서는 효과가 덜할 수도 있어요!

중요한 것은 이 책의 앞부분에 설명한 기본 원칙을 잘 지키고 즐기는 것입니다! 경험을 해 보면서 어떤 과일이 여러분의 집에서 가장 빨리 새싹을 틔우는지 살펴보고, 식물 하나 하나를 잘 돌봐 주세요.

여러분의 새싹 키우기 경험을 다른 이들과도 공유하고 싶나요? 아니면, 이 책에 소개된 과일 말고 다른 과일의 새싹 키우기에 성공했나요? 제가 예전에 만든 해시태그 #maternitedesplantes를 달아서 인스타그램에 사진을 공유해 주세요. 제 계정 @idoitmyself.be로 사진을 보내주셔도 됩니다. 여러분의 어린 식물들이 자라나는 모습을 보면 정말 기쁠 거예요!

제철 과일 달력

1월
귤, 라임, 바나나, 아몬드
아보카도, 용과, 자몽 파파야

2월
라임, 바나나, 아몬드,
아보카도, 용과, 자몽, 파파야

3월
금귤, 라임, 바나나, 아몬드,
아보카도, 용과, 자몽,
파인애플, 파파야

4월
금귤, 라임, 바나나, 아몬드,
아보카도, 용과, 자몽,
파인애플, 파파야

5월
라임, 리치, 망고, 바나나,
아몬드, 아보카도, 오디,
용과, 자몽, 체리, 파인애플,
파파야

6월
고추, 라임, 리치, 망고,
바나나, 복숭아, 살구,
아몬드, 아보카도, 오디,
오렌지, 용과, 자몽, 체리,
파인애플, 파파야

7월

고추, 구기자, 꽈리, 라임,
레몬, 리치, 망고, 멜론,
바나나, 복숭아, 살구, 수박,
아몬드, 아보카도, 오렌지,
용과, 자두, 자몽, 토마토,
파인애플, 파파야, 포도

8월

고추, 구기자, 꽈리, 라임,
레몬, 리치, 망고, 멜론,
무화과, 바나나, 복숭아,
수박, 패션프루트, 아몬드,
아보카도, 오렌지, 용과, 자두,
자몽, 토마토, 파인애플,
파파야, 포도

9월

고추, 구기자, 땅콩, 라임, ,
레몬, 리치, 망고, 멜론, 무화과,
바나나, 배, 석류, 아몬드,
아보카도, 오렌지, 용과, 자몽,
토마토, 파인애플, 파파야

10월

감, 고추, 구기자, 귤,
대추야자, 땅콩, 라임, 레몬,
리치, 망고, 멜론, 무화과,
바나나, 배, 사과, 석류,
아몬드, 아보카도, 오렌지,
용과, 자몽, 키위, 파파야

11월

감, 고추, 귤, 대추야자,
땅콩, 라임, 무화과, 바나나,
배, 사과, 석류, 아몬드,
아보카도, 용과, 자몽,
키위, 파파야

12월

귤, 대추야자, 라임,
바나나, 사과, 석류, 아몬드,
아보카도, 용과, 자몽,
키위, 파파야

새싹 관찰 노트

· 내가 심은 씨앗을 관찰하고 그려보세요.

· 새싹이 자라나면 튼튼하게 자랄때까지

잘 살펴 주세요.

심은 식물 :	선택한 발아 방법 :
심은 날짜 :	새싹 나온 날짜 :

달라진 점 (식물의 키, 뿌리 길이를 관찰해 보세요)

씨가 갈라지고 뿌리가 1cm 정도 나왔다.

연두빛 새싹이 보이기 시작했다. 무럭무럭 자라라!

달라진 점 (식물의 키, 뿌리 길이를 관찰해 보세요)

달라진 점 (식물의 키, 뿌리 길이를 관찰해 보세요)

달라진 점 (식물의 키, 뿌리 길이를 관찰해 보세요)

심은 식물 :   선택한 발아 방법 :

심은 날짜 :   새싹 나온 날짜 :

달라진 점 (식물의 키, 뿌리 길이를 관찰해 보세요)

달라진 점 (식물의 키, 뿌리 길이를 관찰해 보세요)

달라진 점 (식물의 키, 뿌리 길이를 관찰해 보세요)

달라진 점 (식물의 키, 뿌리 길이를 관찰해 보세요)

심은 식물 :　　　　　　　　　선택한 발아 방법 :

심은 날짜 :　　　　　　　　　새싹 나온 날짜 :

달라진 점 (식물의 키, 뿌리 길이를 관찰해 보세요)

달라진 점 (식물의 키, 뿌리 길이를 관찰해 보세요)

달라진 점 (식물의 키, 뿌리 길이를 관찰해 보세요)

달라진 점 (식물의 키, 뿌리 길이를 관찰해 보세요)

심은 식물 :	선택한 발아 방법 :
심은 날짜 :	새싹 나온 날짜 :

달라진 점 (식물의 키, 뿌리 길이를 관찰해 보세요)

달라진 점 (식물의 키, 뿌리 길이를 관찰해 보세요)

달라진 점 (식물의 키, 뿌리 길이를 관찰해 보세요)

달라진 점 (식물의 키, 뿌리 길이를 관찰해 보세요)

심은 식물 :	선택한 발아 방법 :
심은 날짜 :	새싹 나온 날짜 :

	달라진 점 (식물의 키, 뿌리 길이를 관찰해 보세요)

	달라진 점 (식물의 키, 뿌리 길이를 관찰해 보세요)

	달라진 점 (식물의 키, 뿌리 길이를 관찰해 보세요)

	달라진 점 (식물의 키, 뿌리 길이를 관찰해 보세요)

심은 식물 :	선택한 발아 방법 :
심은 날짜 :	새싹 나온 날짜 :

달라진 점 (식물의 키, 뿌리 길이를 관찰해 보세요)

달라진 점 (식물의 키, 뿌리 길이를 관찰해 보세요)

달라진 점 (식물의 키, 뿌리 길이를 관찰해 보세요)

달라진 점 (식물의 키, 뿌리 길이를 관찰해 보세요)

심은 식물 :	선택한 발아 방법 :
심은 날짜 :	새싹 나온 날짜 :

달라진 점 (식물의 키, 뿌리 길이를 관찰해 보세요)

달라진 점 (식물의 키, 뿌리 길이를 관찰해 보세요)

달라진 점 (식물의 키, 뿌리 길이를 관찰해 보세요)

달라진 점 (식물의 키, 뿌리 길이를 관찰해 보세요)

새싹 집사가 될 거야

초판 1쇄 발행 2020년 10월 26일
개정판 1쇄 발행 2024년 4월 12일

지은이 셀린느
사진 셀린느
옮긴이 김자연
펴낸이 이범상
펴낸곳 (주)비전비엔피·이덴슬리벨

기획 편집 차재호 김승희 김혜경 한윤지 박성아 신은정
디자인 김혜림 최원영 이민선
마케팅 이성호 이병준 문세희
전자책 김성화 김희정 안상희 김낙기
관리 이다정

주소 우)04034 서울특별시 마포구 잔다리로7길 12 (서교동)
전화 02) 338-2411 | 팩스 02) 338-2413
홈페이지 www.visionbp.co.kr
이메일 visioncorea@naver.com
원고투고 editor@visionbp.co.kr

등록번호 제2009-000096호

ISBN 979-11-91937-43-5 13520